建筑施工机械设备安全培训系列丛书

建筑施工塔式起重机
安全隐患图析

主　　编　黄　楠　赵　刘

副 主 编　杜海滨　王　翼

主编单位　山东省建筑科学研究院有限公司
　　　　　山东省建筑工程质量检验检测中心有限公司

中国建材工业出版社

图书在版编目（CIP）数据

建筑施工塔式起重机安全隐患图析 / 黄楠，赵斌主编 . -- 北京：中国建材工业出版社，2020.11（2021.5 重印）
（建筑施工机械设备安全培训系列丛书）
ISBN 978-7-5160-3075-2

Ⅰ . ①建… Ⅱ . ①黄… ②赵… Ⅲ . ①塔式起重机 --
安全隐患 -- 图解 Ⅳ . ① TH213.308-64
中国版本图书馆 CIP 数据核字（2020）第 188199 号

建筑施工塔式起重机安全隐患图析
Jianzhu Shigong Tashi Qizhongji Anquang Yinhuan Tuxi
主　　编　黄　楠　赵　斌
出版发行　中国建材工业出版社
地　　址：北京市海淀区三里河路 1 号
邮政编码：100044
经　　销：全国各地新华书店
印　　刷：北京天恒嘉业印刷有限公司
开　　本：889mm×1194mm　1/20
印　　张：9.4
字　　数：150 千字
版　　次：2020 年 11 月第 1 版
印　　次：2021 年 5 月第 3 次
定　　价：**98.00 元**

本社网址：www.jccbs.com，微信公众号：zgjcgycbs
请选用正版图书，采购、销售盗版图书属违法行为
版权专有，盗版必究。本社法律顾问：北京天驰君泰律师事务所，张杰律师
举报信箱：zhangjie@tiantailaw.com　举报电话：（010）68343948
本书如有印装质量问题，由我社市场营销部负责调换，联系电话：（010）88386906

《建筑施工塔式起重机安全隐患图析》

主　　编：黄　楠　赵　斌

副主编：杜海滨　王　霆　王海龙　牛家盈　王洪林　邢建海
李　强　梁海涛　周　永　姚文平　李秀峰　臧志华
王和军　孙　冰　胡　岳　吴化彬　屠红光　沈　阳
刘家齐　李　宁　刘延虹　冯功斌　张　凯

参编人员：明宪永　张　涛　刘俊岐　段红莉　刘　敏　李晓晨
马建村　马敏波　宫嘉鸿　刘　康　庄绪圣　李承伟
王明月　苗雨顺　徐艳华

编写单位

主编单位：山东省建筑科学研究院有限公司
山东省建筑工程质量检验检测中心有限公司

副主编单位：山东省建筑安全与设备管理协会
中建八局第一建设有限公司
中国建筑第八工程局有限公司上海分公司
上海融创房地产开发集团有限公司
济南中海城房地产开发有限公司
烟台中海地产有限公司
烟台万科企业有限公司
中国新兴建筑工程有限责任公司山东分公司
山东黄河河务局山东黄河职工培训中心
山东三箭集团有限公司
济南工程职业技术学院

前 言

随着我国基础设施建设的快速发展，建筑施工塔式起重机（以下简称塔机）作为建筑施工中不可或缺的垂直运输起重设备，发挥着不可替代的作用。

近年来，施工现场在用塔机数量激增，安拆、维保、使用、管理人员也随之增加。为便于使用、产权、维保和检测等相关单位的人员更直观地管理和使用施工现场的塔机，排查现场塔机存在的安全隐患，降低事故发生率，我们依据现行标准 GB5031《塔式起重机》、GB5144《塔式起重机安全规程》、JGJ305《建筑施工升降设备设施检验标准》等相关标准，结合检验人员常年在施工现场检验塔机的隐患实拍照片，编制了这本《建筑施工塔式起重机安全隐患图析》。

本书内容涉及作业环境与外观、基础、金属结构及防护、起升系统、变幅系统、回转系统、顶升系统、电气系统、安全装置等内容，以图文并茂的方式，直观地讲解塔机常见安全隐患并对其进行解析。书中较为全面地反映了施工现场塔机经常出现的安全隐患，有利于提高相关人员的安全意识，减少和防止塔机安全事故的发生。

由于本书编写时间仓促，难免存在不足之处，敬请读者给与批评指正。

目　录

一、作业环境与外观

　　隐患： 左图为处于低位的塔机的臂架端部与另一台塔机的塔身之间的距离不足2m，右图为两台塔机运行干涉，垂直距离不足2m。

　　解析： 当群塔作业进行平面布置时，应该绘制塔式起重机的平面图。两台塔机之间的最小架设距离应保证：

　　（1）处于低位的塔机的臂架端部与另一台塔机的塔身之间至少保持2m的距离。

　　（2）处于高位塔机的最低位置的部件与低位塔机中处于最高位置部件之间的垂直距离不应小于2m。

　　施工现场因客观原因无法保证安全距离时，塔机使用单位应会同安装单位采取有效的安全措施，并出具相关技术资料。

隐患： 起重臂与建筑物外部脚手架运行干涉。

解析： 塔机运动部分与建筑物及建筑物外围施工设施之间的最小距离不得小于0.6m。当施工现场因客观原因无法保证安全距离时，塔机使用单位应会同安装单位采取有效的安全措施，并出具相关技术资料。

隐患：塔机与输电线安全距离不足，且未做有效防护。

解析：有架空输电线的场所，塔机的任何部位或被吊物边缘与输电线的安全距离，应符合表 1 的规定，以避免其结构进入输电线的危险区。

表 1　塔式起重机与输电线的安全距离

电压 /kV	1~10	20~35	60~110	220	330	500
沿垂直方向 /m	3.0	4.0	5.0	6.0	7.0	8.5
沿水平方向 /m	2.0	3.5	4.0	6.0	7.0	8.5

隐患： 上图为吊钩侧板无黄黑相间危险部位标志，下图为涂刷危险部位标志吊钩。

解析： 在吊钩滑轮组侧板、平衡臂尾部和平衡重应使用黄黑相间的危险部位标志。吊钩作为塔机的主要动作部件，在起重作业过程中可能对人员造成碰撞、打击或夹挤危险。采用以对比色为背景的安全色，能提醒人们注意，以便迅速发现危险部位并尽快作出反应；或在非正常状态下准确识别并及时采取行动，以避免危险从而减少事故的发生。

　　隐患：平衡重侧面无黄黑相间的危险部位标志。

　　解析：平衡臂尾部和平衡重应使用黄黑相间的危险部位标志。平衡重作为塔式起重机上凸出、悬伸的部位，在起重作业过程中可能对人员、建筑以及群塔作业塔机间，造成碰撞、打击或夹挤危险。采用以对比色为背景的安全色，能引起人们的注意，以便迅速发现危险部位并尽快作出反应；或在非正常状态下准确识别并及时采取行动，以避免危险，从而减少事故的发生。

隐患： 障碍灯缺失。

解析： 塔顶高于 30m 且高于周围建筑物的塔机，应在塔顶和臂架端部安装红色障碍指示灯。群塔作业时，每台塔机都应安装障碍指示灯。红色障碍灯可以给空中飞行过往的飞机以及群塔作业时塔机之间的协同作业提供警示作用。

隐患：风速仪损坏，不起作用。

解析：起重臂臂根铰点高度大于 50m 的塔机，应配备风速仪。风速仪应安装在塔机顶部的不挡风处，当风速大于工作极限风速时，应能发出停止作业的警报。

二、基础

隐患： 基础积水严重。

解析： 基础及塔身长时间浸水，会影响日常对基础结构的检查，容易导致钢结构、连接螺栓以及焊缝的锈蚀，从而使其强度降低，严重时会造成塔机倒塌。另外，基础积水易造成地基承载力下降或产生不均匀沉降，造成塔机垂直度偏差增加。预防措施：设置集水坑，及时用水泵抽出积水。

隐患：塔机的基础距基坑边缘的水平距离小于 2m。

解析：塔机的基础至关重要。基础置于边坡上，应进行打桩处理，还应充分考虑边坡产生的侧压力，应要求施工单位在开挖边坡时，采取抗侧压力措施，如采取土钉防护或进行锚杆处理等措施。在塔机基础周围开挖，容易引起滑坡，严重时还会导致位移出现；另外开挖后，降雨季节会形成大量积水，容易导致不均匀沉降的现象。

三、金属结构及防护

1. 目视可见的结构件裂纹及焊缝裂纹

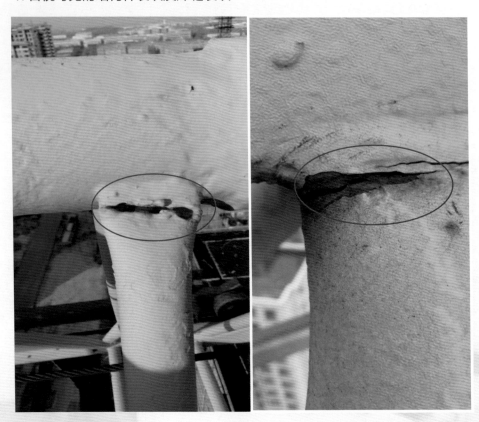

隐患： 起重臂斜腹杆出现可见焊缝裂纹。

解析： 安装后的塔机，其主要结构件不应出现目视可见的结构裂纹或焊缝裂纹的现象。起重臂斜腹杆焊缝裂纹会导致局部钢结构强度明显降低,严重时会引发折臂事故。

隐患：起重臂腹杆断开。

解析：安装后的塔机，其主要结构件不应出现目视可见的结构裂纹及焊缝裂纹的现象。起重臂水平腹杆断开，直接导致此水平腹杆不再受力。而且增大了周边杆件的受力情况，对起重臂的整体稳定性也会产生较大影响。

隐患：上两图为标准节腹杆开裂，下两图分别为回转塔身上部开裂、踏步耳板裂纹。

解析：安装后的塔机主要结构件不应出现目视可见的结构裂纹及焊缝裂纹的现象。标准节受集中应力和交变应力的作用，材料极易疲劳，形成疲劳源。结构决定传力，结构的布局，决定了传力是否合理和顺畅。标准节承受塔机旋转扭矩和弯矩，标准节腹杆受塔机旋转产生的拉力、压力焊缝开裂使得此处结构可承受强度明显降低，当塔机旋转时，标准节易因受扭矩作用而产生变形甚至进一步开裂。

隐患：爬升套架斜杆焊缝开裂。

解析：安装后的塔机，其主要结构件不应出现目视可见的结构裂纹及焊缝裂纹的现象。由于在顶升过程中，上、下塔身的连接全部松开，仅靠与套架相连的顶升油缸支撑塔机转台以上全部重量，焊缝裂纹的出现严重影响套架的整体稳定性。

　　隐患：上图为塔顶过渡节主肢起鼓的变形裂纹，下图为转台处起鼓变形

　　解析：塔机的主要结构件不应出现目视可见的结构裂纹及焊缝裂纹的现象。塔顶过渡节在交变应力作用下，容易出现裂纹扩大现象，使得过渡节可承受强度明显降低。转台是塔机结构中承上启下的关键一环，其钢结构都为薄板结构，板材的起鼓变形影响力的传导，也对整体结构稳定性产生影响。

隐患： 标准节主肢局部明显磨损。

解析： 标准节钢结构是塔机的骨骼，其强度、刚度和稳定性决定了塔机的安全性。标准节主肢局部壁厚减小，导致标准节强度明显降低，易发生断裂、变形、屈曲变形等破坏。

2. 连接件的轴、孔严重磨损

隐患： 滑轮轴局部的严重磨损。

解析： 安装后的塔机，其主要结构件不得出现连接件轴、孔严重磨损的现象，图中滑轮轴磨损的出现，与日常检查不到位、滑轮钢丝绳脱槽后持续运行有关，进而造成钢丝绳磨损轮轴。严重时会使轮轴断开，突然卸载，可能由此发生塔机的倾覆事故。

3.结构件母材严重锈蚀

隐患：上转台母材局部严重锈蚀。

解析：安装后的塔机不得出现其结构件母材严重锈蚀的现象，该部位严重锈蚀会导致此处钢结构强度不足。转台长期受交变应力的反复影响，容易出现疲劳损伤，进而影响使用安全。

隐患：塔顶主肢局部严重锈蚀。

解析：安装后的塔机不得出现其结构件母材严重锈蚀的现象。生锈腐蚀将会使构件截面减小，承载力下降，尤其是因腐蚀产生的"锈坑"将使钢结构的脆性破坏的可能性增大。另外锈蚀在影响安全性的同时，也会严重影响钢结构的耐久性。

隐患：起重臂斜腹杆局部严重锈蚀。

解析：安装后的塔机不得出现其结构件母材严重锈蚀的现象。腹杆生锈腐蚀将会使截面减小，承载力下降，尤其是腐蚀产生的"锈坑"将使钢结构发生脆性破坏的可能性增大。

隐患：标准节严重锈蚀。

解析：安装后的塔机不得出现其结构件母材严重锈蚀的现象。塔机的主要承载结构件由于腐蚀而使结构的计算应力提高，当超过原计算应力的 15% 时应予报废。对于无计算条件的，当腐蚀深度达原厚度的 10% 时应予报废。

4. 结构件整体或局部塑性变形、销孔塑性变形

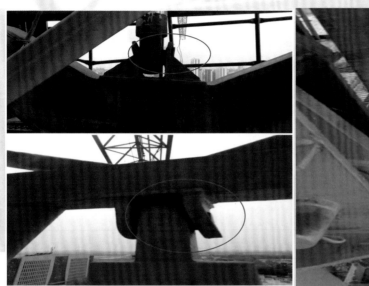

　　隐患：顶升耳板局部塑性变形。

　　解析：塔机的安装、拆卸是极容易引发安全事故的环节，应引起足够重视。结构件整体或局部塑性变形、销孔塑性变形，使工作机构不能正常运行。顶升耳板变形，导致耳板承载力不足、销轴易脱出，存在严重的安全隐患。

隐患：起重臂腹杆变形。

解析：当塔机的主要结构件出现整体或局部的塑形变形时，不得安装和使用。起重臂腹杆的变形导致周围杆件的受力状态发生改变，增加了周围杆件的受力，进而影响结构的整体稳定性。

隐患：起重臂拉杆塑性变形。

解析：当塔机的主要结构件出现整体或局部的塑性变形时，不得安装和使用。起重臂拉杆塑性变形一方面造成起重臂仰角与设计产生偏差，另一方面变形处容易导致疲劳断裂。

　　隐患： 起重臂下弦杆局部变形。

　　解析： 当塔机的主要结构件出现整体或局部的塑性变形时，不得安装和使用。起重臂主弦杆的变形容易导致小车跑偏，从而加速主弦杆磨损，另外此变形还会对起重臂的整体稳定性产生较大影响。

隐患：起重量限制器连接固定横杆变形。

解析：当塔机的主要结构件出现整体或局部的塑性变形时，不得安装和使用。起重量限制器连接固定横杆是塔机完成所有吊载作业的直接受力杆件，此处若发生塑性扭转变形，会造成结构承载力明显降低，且极易发生结构件断裂。

5. 塔机的连接

隐患： 标准节连接销轴立销用螺栓代替。

解析： 结构连接件及防松、防脱件严禁替代使用。螺栓的承载扭矩没有销轴好，即使同等硬度级别的螺栓也不能和销轴相同，因为螺栓在加工中会破坏材质的稳定性和耐磨性，而销轴表面没有螺栓那些容易折断的螺纹，表面磨制热处理以后其整体硬度、拉伸度、耐磨性都要远远好于螺栓。连接件及防松、防脱件被代用后，会失去固有的连接作用，容易造成机构散架，进而出现安全事故。

隐患： 开口销损坏，开口销缺失。

解析： 塔机的主要结构件、连接件应该安装正确且无缺陷，应符合塔机使用说明书的要求。开口销不应存在折断、裂纹、锈蚀等现象，开口销损坏或缺失会失去销轴防脱作用。

隐患：开口销未开口，开口销用铁丝代替。

解析：连接件及防松防脱件严禁用其他代用品代用，开口销应对称开口。连接件及防松防脱件被代用后，会失去固有的连接作用，容易造成机构散架，出现安全事故，所以在使用过程中连接件及防松防脱件严禁被代用。

隐患：标准节连接销轴立销未安装到位。

解析：塔机主要结构连接件应安装正确且无缺陷，立销未安装到位使得立销失去对横销的轴向锁定作用，容易造成横销脱落，进而导致机构散架，并引发安全事故。

隐患：标准节连接销轴立销缺失。

解析：塔机主要结构连接件应安装正确且无缺陷，销轴应有可靠的轴向止动，立销缺失极有可能发生横销横向位移脱落的现象，进而引发倒塔事故。

隐患：销轴轴端的止挡板缺失。

解析：销轴轴向定位应可靠,轴端止挡缺失使销轴有可能发生横向位移脱落的现象。

隐患：销轴轴端止挡板固定螺栓缺失。

解析：销轴轴向定位应可靠，止挡板固定螺栓的缺失造成销轴有脱出的可能。

隐患：标准节连接螺栓松动。

解析：高强度螺栓连接应按照要求预紧且有防松措施，不得松动，不应有缺件、损坏等缺陷。螺栓松动后，当弯矩在该螺栓方位的标准节主肢中产生拉力时，将使两标准节的接触面产生间隙。螺栓松动后，在塔吊上部荷载的作用下，本应固接在一起的两个标准节的接触面必将产生轴向往复移动，原本无冲击荷载的螺栓连接结构间产生冲击荷载，螺栓及连接结构中的荷载效应大幅度升高，极易导致螺栓及连接结构的破损，甚至塔身折断。

隐患： 标准节主肢间的间隙明显。

解析： 标准节主肢间的接触面应不少于主肢面积的 70%。标准节连接螺栓松动后，当弯矩在该螺栓方位的标准节主肢中产生拉力时，将使两标准节接触面产生间隙。对高度为 30m 的塔式起重机，在下部第二、三节标准节连接处产生 0.1mm 的间隙，在吊臂根部处的水平位移将增大 2mm，如果多个接触面产生间隙，则塔身变形急剧增加，对塔身受力更为不利，甚至会酿成倒塔事故。

　　隐患：标准节连接螺栓无防松措施。

　　解析：高强度螺栓连接应按照要求预紧且有防松措施，不得松动，不应有缺件、损坏等缺陷。

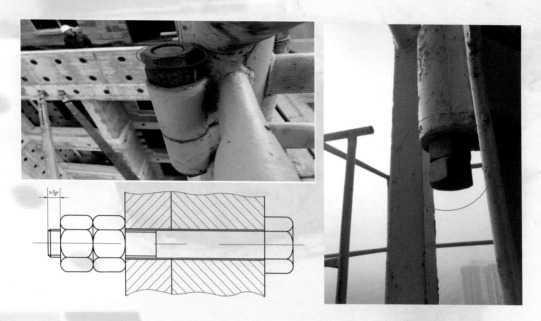

隐患：螺栓端面低于螺母顶平面。

解析：结构件各连接螺栓应齐全、紧固，应按照要求预紧且有防松措施，不得松动。螺栓端面应至少高出螺母顶平面 3 倍螺距。

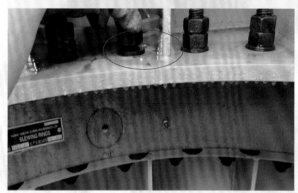

隐患： 回转平台处的螺栓缺失或松动。

解析： 高强度螺栓连接应按照要求预紧且有防松措施，不得松动，不应有缺件、损坏等缺陷。回转平台作为塔机承上启下连接的关键结构，结构的紧固与否直接关系到塔机的安全运行。

隐患：螺栓连接套补焊。

解析：塔机的主要结构件出现整体或局部塑性变形时，不得安装和使用。当塔机的主要结构件材料没有制造商的详细书面说明时，不允许擅自修理或替换。高强度螺栓、螺母，使用后拆卸下再次使用，一般不得超过两次。且拆下的螺栓、螺母必须无任何损伤、变形、滑牙、缺牙、锈蚀、螺纹粗糙度变化较大等现象，否则应禁止再用于受力构件的连接。高强度螺栓不得重复使用，主要原因是由于高强度螺栓在使用过程中容易导致螺纹损坏和螺纹表面处理磨损，影响螺栓的扭矩系数（预拉力）和变异系数，从而使螺栓的轴向拉力达不到标准值范围内。

隐患：粗牙与细牙的标准节连接螺栓混用。

解析：粗牙螺纹与细牙螺纹相比，因具有强度高、互换性好的特点而被广泛使用，应作为最优选择。细牙螺纹具有占空间尺寸小、自锁性好的特点，大多用于受力不大、可以精确调整的地方。

建筑施工塔式起重机安全隐患图析

隐患： 基础地脚螺栓偏斜。

解析： 高强度螺栓连接应按要求预紧且有防松措施，不得松动，不应有缺件、损坏等缺陷。螺栓变形偏斜，造成螺杆受力状态不均匀，极易发生断裂。

　　隐患： 顶升套架与回转平台销轴未连接。

　　解析： 塔机主要结构连接件应安装正确且无缺陷，连接件及其防松防脱件严禁采用其他代用品；销轴应有可靠轴向止动且正确使用开口销；顶升全部完成后，如需下降套架用以降低塔机重心和减少迎风面积，应将套架下降到塔身底部并固定牢固。

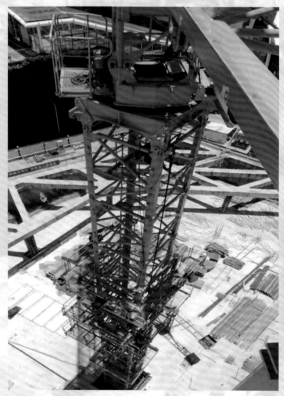

隐患：顶升套架未落至地面，且未固定。

解析：塔机主要结构连接件应安装正确且无缺陷，连接件及其防松防脱件严禁采用其他代用品；顶升全部完成后，如需下降套架用以降低塔机重心和减少迎风面积，应将套架下降到塔身底部并固定牢固。

6.平衡重

隐患：平衡重空缺位置无防护措施。

解析：平衡重的安装数量、位置应符合安装使用说明书的要求。起重臂变臂长使用时，平衡重空缺位置应可靠填充。

隐患：平衡重放置不可靠。

　　解析：起重臂变臂长使用时需要调整平衡重的配置。平衡重安装位置出现空缺时，应对空缺位置进行可靠填充，避免发生高空坠落事故，同时保证平衡重不位移、不脱落、不互相撞击。

隐患：平衡重支撑销轴用螺栓代替。

解析：螺栓抗剪性较差，强度达不到使用要求，容易断裂，进而造成配重块脱落的严重安全事故。

隐患： 平衡重配重块局部缺损。

解析： 平衡重及压重的实际重量与塔机说明书中所规定的的重量允差为 ±2%。对于可变换臂长的塔机，其配重块的数量、规格和位置应按照塔机说明书的规定准确按照，与设定的臂长相对应。

隐患： 散装物料更改平衡重质量。

解析： 平衡重及压重的实际质量与塔机说明书中所规定的质量允差为 ±2%。对于可变换臂长的塔机，其平衡重块的数量、规格和位置应按照塔机说明书的规定准确安装，与设定的臂长相对应。另外，散装物料未可靠固定，容易造成高空坠物危险。

7. 垂直度

隐患： 垂直度超差。

解析： 塔机安装后，在空载、风速不大于 3m/s 的状态下，塔身轴心线侧向垂直度允差应满足：独立状态塔身（或附着状态下最高附着点以上塔身）轴心线的侧向垂直度允差为 4‰；最高附着点以下塔身侧向轴心线的垂直度允差为 2‰。

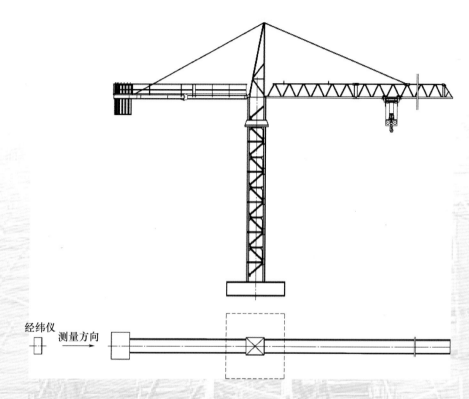

经纬仪 测量方向

侧向垂直度测量方向示意图

解析： 塔身侧向垂直度检查，应在塔机空载状态下，臂架相对塔身0°和90°时，分别沿臂架方向测量。

8. 直梯

　　隐患：塔身内部直梯边梁、踏杆开裂。

　　解析：塔身内部和塔顶应设置直梯,直梯边梁、踏杆应完好,不得有明显的塑性变形,连接应牢固、可靠。

隐患：塔顶直梯连接焊缝断开。

解析：塔身内部和塔顶应设置直梯，直梯边梁、踏杆应完好，不得有明显的塑性变形，连接应牢固、可靠。若直梯焊缝断开，可能对司机及日常巡检维保人员产生安全隐患。

隐患： 标准节爬梯 S 形变形。

解析： 塔身内部和塔顶应设置直梯，直梯边梁、踏杆应完好，且不得有明显的塑性变形，连接应牢固、可靠。

9. 护圈

隐患： 塔顶直梯护圈严重变形。

解析： 塔顶的直梯应设置护圈，护圈应保护完好，不得有明显塑性变形、板条断裂等现象，并应固定可靠、牢固，不得用铁丝捆扎固定。

隐患： 塔顶直梯无护圈。

解析： 塔顶的直梯应设置护圈，护圈应保护完好，不得有明显塑性变形、板条断裂等现象，并应固定可靠、牢固，不得用铁丝捆扎固定。

10. 栏杆

　　隐患：上图为套架处平台护栏未可靠固定连接，下两图为平衡臂尾部护栏未可靠固定连接。

　　解析：离地面 2m 以上的平台及走道应设置防止操作人员跌落的手扶栏杆，不得有明显塑性变形，并应固定可靠、牢固。

11. 踢脚板

隐患：平衡臂走道两侧无踢脚板。

解析：平台和走道的边缘应设置踢脚板，不得有明显塑性变形，并应固定可靠、牢固。踢脚板可有效防止人员、物品高空坠落的发生。

隐患：踢脚板底部间隙过大。

解析：踢脚板与底部间隙过大，不能有效防止物件从其底部滑落。

12. 平台和走道

隐患：平衡臂走道局部破损。

解析：平台和走道应用具有防滑功能的金属材料制作。平台和走道应完整，操作人员可能停留的每一个部位都不应发生永久变形，平台钢板网不得有破损。走道局部破损可能造成人员的踩空，以及物品的滑落。

13. 休息平台

隐患： 未设置休息平台。

解析： 当梯子高度超过 10m 时，应设置休息平台，第一个平台应设置在不超过 12.5m 高度处，以后每隔 10m 内设置一个。

14. 附着装置

隐患: 使用非标准附着架。

解析: 附着式塔机,附着装置与塔身节或建筑物的联接必须安全可靠,联接件不应缺少或松动。塔机与建筑物之间的附着水平距离、塔身自由端高度及附着装置的设置必需符合安装使用说明书的要求。附着杆件应由具备相应资质的厂家验算制作,且两端要有锁紧螺母。不符合安装使用说明书要求的非标准附着架应提供设计计算数据,并应由塔机制造厂家审核确认后,方可进行制作及安装使用。

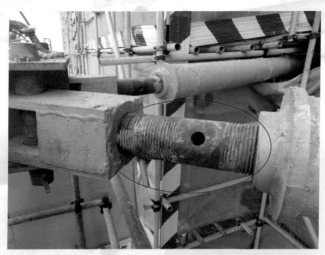

隐患： 上图附着装置调节丝杆无锁紧螺母；下图附着杆无调节装置，焊接在底座。

解析： 附着式塔机，附着装置与塔身节或建筑物的联接必须安全可靠，联接件不应缺少或松动。若调节丝杆无锁紧螺母，易造成附着杆松动。塔身附着杆两端应分别与附着框和建筑物锚固件铰接方式连接，禁止焊接。

隐患： 使用非原厂附着框。

解析： 附着式塔机，附着装置与塔身节或建筑物的连接应安全可靠，连接件不应缺少或松动，并应符合安装说明书要求。上面两图附着框长度不足，使用长螺栓连接代替，附着框未形成整体构件，存在严重安全隐患。下图中附着框改造加工，局部结构未满焊，附着框整体强度降低，减弱了对塔身的约束作用，并且容易造成附着框散架。

隐患：附着框连接螺栓个别缺失，或使用单螺母。

解析：附着框固定不牢，在运行过程中和附墙拉杆不在同一水平面上而受力不均匀，另外螺栓少装并使用单螺母，螺栓容易松动，在受力过程中紧固螺栓容易发生断裂，严重时附墙失效而产生倾覆事故。

隐患：附着连杆局部弯折。

解析：附着式塔机，附着装置与塔身节或建筑物的连接必须安全可靠，连接件不应缺少或松动。塔机与建筑物之间的附着水平距离、塔身自由端高度及附着装置的设置必需符合安装使用说明书的要求。附着连杆弯曲变形，受压时容易失稳。

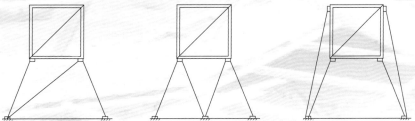

隐患: 上图为附着装置改造使用,下图为附着装置的基本布置形式。

解析: 附着式塔机,附着装置与塔身节或建筑物的连接必须安全可靠,连接件不应缺少或松动。塔机与建筑物之间的附着水平距离、塔身自由端高度及附着装置的设置必需符合安装使用说明书的要求。当附着距离超过使用说明书的规定时,应有专项施工方案,并附计算书。附着支撑处的建筑主体结构应当进行验算。鉴于附着装置关系到塔身的稳定性和使用安全,为避免因塔机附着方案不完备造成公共安全隐患,在使用非常规附着前,其专项施工方案应进行专家论证并提交专家组论证报告。

隐患：附着超长，附着杆改造。

解析：附着式塔机，附着装置与塔身节或建筑物的连接必须安全可靠，连接件不应缺少或松动。塔机与建筑物之间的附着水平距离、塔身自由端高度及附着装置的设置必需符合安装使用说明书的要求。附着杆件应由具备相应资质的厂家制作，且两端要有锁紧螺母。当附着距离超过使用说明书的规定时，应有专项施工方案，并附计算书。附着支撑处的建筑主体结构应当进行验算。鉴于附着装置关系到塔身的稳定性和使用安全，为避免因塔机附着方案不完备造成公共安全隐患，在使用非常规附着前，其专项施工方案应进行专家论证并提交专家组论证报告。

隐患：附着框焊缝裂纹。

解析：塔机附着的实质是通过增加塔身钢结构的约束，以达到控制塔身的计算高度，从而达到增强其刚度并使塔身的稳定性保持不变的目的。附着框焊缝出现裂纹，附着框强度显著降低，对塔身钢结构的约束作用明显减弱，容易出现严重安全事故。当塔机主要结构件出现目视可见裂纹时，不得安装和使用。

四、起升系统

1. 吊钩

隐患：吊钩防脱装置损坏，吊钩钢丝绳防脱不起作用。

解析：吊钩应有标记和防钢丝绳脱钩装置，不允许使用铸造吊钩。防脱装置不起作用可能造成：当吊钩在高档启动过程中出现急停时，钢丝绳易从吊钩中滑出，引起吊载坠落，严重时会发生塔机倾覆事故。

隐患：吊钩无钢丝绳防脱装置。

解析：吊钩应有标记和防钢丝绳脱钩装置，不允许使用铸造吊钩。防脱装置不起作用可能造成：当吊钩在高档启动过程中出现急停时，钢丝绳易从吊钩中滑出，引起吊载坠落，严重时会发生塔机倾覆事故。

隐患： 吊钩严重磨损。

解析： 吊钩挂绳处截面磨损量达原高度的 10%，应予以报废。

隐患： 吊钩补焊。

解析： 吊钩禁止补焊，有以下情况之一的应予报废：

（1）用 20 倍放大镜观察表面有裂纹。

（2）钩尾和螺纹部位等危险截面及钩筋有永久性变形。

（3）挂绳处截面磨损量超过截面原厚度的 10%。

（4）心轴磨损量超过其直径的 5%。

（5）开口度比原尺寸增加 15%。

2. 钢丝绳

隐患：起升卷筒钢丝绳乱绳。

解析：卷筒钢丝绳应排列整齐，乱绳容易造成钢丝绳局部挤压变形，影响钢丝绳的使用寿命。

隐患：钢丝绳聚集断丝。

　　解析：钢丝绳发生局部聚集断丝应及时报废，并更换钢丝绳。如果钢丝绳某一部位的断丝过于突出，当此处经过滑轮时，断丝就会压在其他部位之上，造成局部劣化现象。如果断丝明显靠近或者位于钢丝绳固定端，并且沿钢丝绳长度方向的其他部分又不受影响，可以将钢丝绳截短，然后重新装配绳端固定装置。在这之前，宜校核钢丝绳的剩余长度，确保钢丝绳在放出最大工作长度后，卷筒上的钢丝绳至少应保留 3 圈。

隐患： 起升钢丝绳局部压扁。

解析： 钢丝绳不应有扭结、压扁、弯折、断股、笼状畸变、断芯等变形现象。钢丝绳的扁平区段经过滑轮时，可能会加速劣化并出现断丝。此时不必根据扁平程度便可考虑报废钢丝绳。

隐患：起升钢丝绳波浪形。

解析：钢丝绳不应有扭结、压扁、弯折、断股、笼状畸变、断芯等变形现象。在任何情况下，只要出现以下情况之一，钢丝绳就应报废：

（1）在从未经过、绕进滑轮或缠绕在卷筒上的钢丝绳直线区段上，直尺和螺旋面下侧之间的间隙 $g \geqslant 1/3 \times d$。

（2）在经过滑轮或缠绕在卷筒上的钢丝绳区段上，直尺和螺旋面之间的间隙 $g \geqslant 1/10d$。

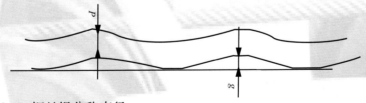

说明　d——钢丝绳公称直径；

　　　　g——间隙。

隐患：起升钢丝绳散股。

解析：钢丝绳不应有扭结、压扁、弯折、断股、笼状畸变、断芯等变形现象。

隐患： 起升钢丝绳笼状畸变。

解析： 钢丝绳不应有扭结、压扁、弯折、断股、笼状畸变、断芯等变形现象。出现篮形或灯笼状畸形的钢丝绳应立即报废，或者将受影响的区段去掉，但应保证余下的钢丝绳能满足使用要求。

隐患：起升绳的个别绳夹方向错误。

解析：钢丝绳绳端固定应正确、牢固、可靠。使用绳夹固定时，应符合下图的要求，即绳夹夹座扣在钢丝绳的工作段，U形螺栓扣在钢丝绳尾端，不得正反交错布置。绳夹数量应符合下表的规定，绳夹间距等于6~7倍绳径，绳尾端应采用细钢丝捆扎。

不同绳径的绳夹数量

绳径大小 d_r/mm	绳夹数量 n/ 个	绳径大小 d_r/mm	绳夹数量 n/ 个
$d_r \leq 18$	≥ 3	$26 < d_r \leq 36$	≥ 5
$18 < d_r \leq 26$	≥ 4	$36 < d_r \leq 44$	≥ 6

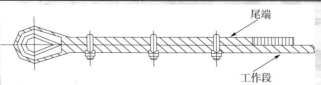

尾端

工作段

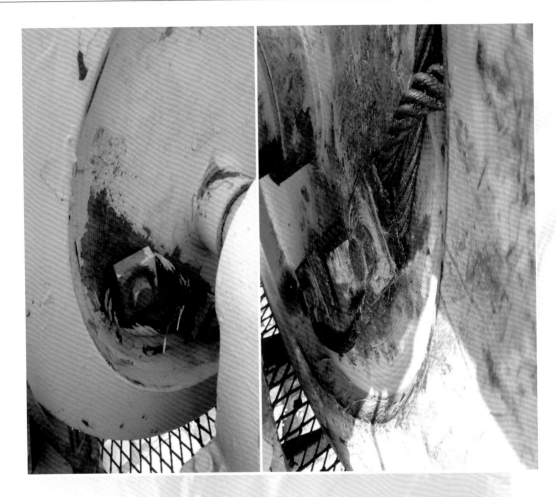

隐患：起升卷筒绳端不固定、不可靠。

解析：用压板固定时应可靠，卷筒上的绳端固定装置应有防松或自紧的功能。

隐患：起升绳绳端楔形接头固定，钢丝绳的穿绳方向错误。

解析：采用楔形接头固定时，钢丝绳工作段位于楔套直边侧，钢丝绳尾端位于楔套斜边侧，楔形接头与钢丝绳的连接方法如下图所示。

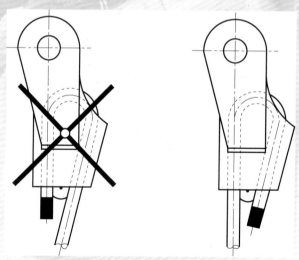

楔形接头与钢丝绳的连接方法示意图

3. 滑轮

隐患： 小车滑轮组起升滑轮无钢丝绳防脱装置。

解析： 滑轮应设有钢丝绳防脱装置，该装置与滑轮最外缘的间隙不应超过钢丝绳直径的 20%。钢丝绳防脱装置的缺失，容易使钢丝绳脱槽。

　　隐患：滑轮钢丝绳防脱装置损坏。

　　解析：滑轮应设有钢丝绳防脱装置，该装置与滑轮最外缘的间隙不应超过钢丝绳直径的 20%。滑轮钢丝绳防脱装置的损坏，极易导致钢丝绳脱槽。

隐患： 起升钢丝绳脱槽。

解析： 钢丝绳脱槽运行，容易造成钢丝绳不均匀磨损，影响正常操作运行。

隐患：塔顶起升滑轮无钢丝绳防脱装置。

解析：滑轮应设有钢丝绳防脱装置，该装置与滑轮最外缘的间隙不应超过钢丝绳直径的20%。

隐患： 起重臂臂根处起升滑轮无钢丝绳防脱装置。

解析： 滑轮应设有钢丝绳防脱装置，该装置与滑轮最外缘的间隙不应超过钢丝绳直径的 20%。

隐患：滑轮轮缘破损。

　　解析：滑轮应保证转动良好，不应出现裂纹、轮缘破损等损伤钢丝绳的缺陷。轮缘破损可能会造成钢丝绳的磨损，以及轮缘距离钢丝绳防脱装置的间隙增加，从而造成钢丝绳脱槽。

　　隐患：托绳轮严重磨损。

　　解析：滑轮应转动良好，不应出现裂纹、轮缘破损等损伤钢丝绳的缺陷。滑轮有以下情况之一的应予报废：

　　（1）裂纹或轮缘破损。

　　（2）滑轮绳槽壁厚磨损量达原壁厚的 20%。

　　（3）滑轮槽底的磨损量超过相应钢丝绳直径的 25%。

4. 起升卷筒

隐患：起升卷筒无钢丝绳防脱装置。

解析：起升卷筒应设有钢丝绳防脱装置，该装置与卷筒侧板最外缘的间隙不应超过钢丝绳直径的20%。

隐患：起升卷筒钢丝绳防脱装置不起作用。

解析：起升卷筒应设有钢丝绳防脱装置，该装置与卷筒侧板最外缘的间隙不应超过钢丝绳直径的 20%。

隐患：排绳轮支撑杆断裂。

解析：支撑杆断裂偏斜，一方面造成排绳紊乱，另一方面可能造成因断裂而引起的突然卸载现象，从而造成塔机倾覆。

5. 制动器

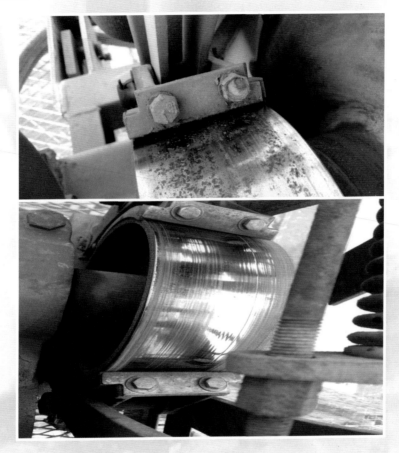

隐患： 起升机构制动轮及制动衬垫严重磨损。

解析： 起升机构应采用常闭制动器，制动可靠。制动器零件不应有可见裂纹、塑性变形、过度磨损等缺陷。制动轮与制动衬垫之间存在颗粒状杂质，导致制动衬垫的不均匀磨损，进而导致制动器抱闸时制动衬垫与制动轮不能均匀接触。固定制动衬垫的铆钉外露划伤制动轮，导致制动衬垫与制动轮实际接触面积小于理论接触面积，制动力明显降低。

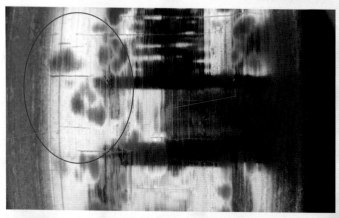

隐患：起升机构制动轮的表面裂纹。

解析：起升机构应采用常闭制动器，制动可靠。制动器零件不应有可见裂纹、塑性变形、过度磨损等缺陷。

隐患： 起升机构制动块摩擦衬垫过度磨损。

解析： 维护保养不到位，制动衬垫严重磨损，制动力严重不足。制动器零件有以下情况之一的应予报废：

（1）可见裂纹。

（2）制动块摩擦衬垫磨损量达制动衬垫初使厚度的 50%。

（3）制动轮表面磨损量达 1.5~2mm。

（4）弹簧出现塑性变形。

（5）电磁铁杠杆系统空行程超过其额定行程的 10%。

隐患：起升机构制动轮的表面油污。

解析：制动器的零部件不应缺件，液压制动器不应漏油。制动轮与摩擦片之间应接触均匀且不能有影响制动性能的缺陷或油污。制动轮表面油污会明显降低制动性能，从而影响使用安全。

隐患：起升机构制动器无防护罩。

解析：制动器的零部件不应缺件。缺失防护罩容易造成雨雪天气时，制动轮与制动衬垫之间浸水，导致制动力下降和非常态制动下滑距离增大。

隐患：起升机构制动器的液压推缸漏油。

解析：常闭块式制动器液压推缸漏油导致的油污覆盖制动轮，导致制动力下降和非常态制动下滑距离增大。

6.减速器

隐患：减速器漏油。

解析：工作时应无异常声响、振动、过热和漏油。减速机漏油的原因：

（1）减速机内外产生压力差。

（2）减速机结构设计不合理。

（3）加油量过多。

（4）检修工艺不当。

7.联轴器

隐患：联轴器间隙过大。

解析：联轴器应零件无缺损，连接无松动，运转时无异常声响。联轴器动力输出轴本身是悬臂的，并采用径向推力轴承。这种支撑结构，在安装时应对轴承间隙和伞齿轮间隙进行调整，保证正确啮合。轴承磨损后，必须及时调整和更换。否则一旦间隙变大，便破坏伞齿轮正常啮合，引起附加载荷，致使轴承工况恶化、齿轮打牙，将轴憋弯甚至断裂。

8. 电动机

隐患：电动机外壳防护罩局部缺失。

解析：电动机外壳应完好，且运转平稳、无异响。塔式起重机上外露的有可能伤人的运动零部件应设置防护罩、防护栏，露天作业的的电气设备防雨罩应齐全。

五、变幅系统

隐患: 变幅钢丝绳多处断丝。

解析: 多处断丝的变幅钢丝绳在使用过程中容易断裂,小车运行时易发生失控事故。

隐患：变幅钢丝绳散股。

解析：钢丝绳不应有扭结、压扁、弯折、断股、笼状畸变、断芯等变形现象。

隐患： 钢丝绳绳夹规格大小，方向不一致。

解析： 钢丝绳绳端固定应正确、牢固、可靠。使用绳夹固定时，绳夹夹座扣在钢丝绳的工作段，U 形螺栓扣在钢丝绳尾端，不得正反交错布置。绳夹数量应符合下表的规定，绳夹间距等于 6~7 倍绳径，绳尾端应采用细钢丝捆扎。

不同绳径的绳夹数量

绳径大小 d_r/mm	绳夹数量 n/ 个	绳径大小 d_r/mm	绳夹数量 n/ 个
$d_r \leqslant 18$	$\geqslant 3$	$26 < d_r \leqslant 36$	$\geqslant 5$
$18 < d_r \leqslant 26$	$\geqslant 4$	$36 < d_r \leqslant 44$	$\geqslant 6$

隐患：变幅钢丝绳绳端采用楔形接头固定，穿绳方向错误。

解析：钢丝绳的规格型号应符合安装使用说明书的要求，与滑轮和卷筒相匹配，并正确穿绕。钢丝绳应润滑良好，不应与金属结构磨擦。采用楔形接头固定时，钢丝绳工作段位于楔套直边侧，钢丝绳尾端位于楔套斜边侧。

隐患：变幅滑轮无钢丝绳防脱装置。

解析：滑轮应设有钢丝绳防脱装置。该装置与滑轮最外缘的间隙不应超过钢丝绳直径的 20%。

隐患： 变幅滑轮钢丝绳脱槽。

解析： 钢丝绳脱槽说明钢丝绳防脱装置无效，脱槽后钢丝绳磨损加剧，影响正常操作。

隐患： 个别变幅滑轮缺失。

解析： 滑轮缺失不能对变幅绳起到良好的导向作用，变幅绳晃动幅度增加，不利于正常工作。

隐患： 上图无小车维修挂篮，下图小车维修挂篮损坏开焊。

解析： 塔机宜设置小车随行挂篮，小车挂篮应无明显变形，安装应符合使用说明书的要求。变幅小车结构应无明显变形，车轮间距应无异常。

隐患：变幅小车车轮过度磨损。

解析：小车车轮过度磨损，一方面造成运行不平稳；另一方面车轮承载力降低，容易发生断裂。车轮有以下情况之一的应予报废：

（1）可见裂纹。

（2）车轮踏面厚度磨损量达原厚度的15%。

（3）车轮轮缘厚度磨损量达原厚度的50%。

六、回转系统

隐患： 回转电机外壳局部缺失。

解析： 电机外壳缺失可能会导致漏电，另外，杂物和水进入电机会造成电机短路。在正常工作或维修时，机构及零部件的运动对人体可能造成危险的，应设有防护装置。应采取有效措施，防止塔机上的零件掉落造成危险，可拆卸的零部件如盖、箱体及外壳等应与支座牢固连接，防止脱落。

　　隐患：回转电机漏油。

　　解析：回转电机工作时应无异常声响、振动、发热和漏油等现象。应检查油封的密封效果，调整加油量。

隐患：回转电机与内齿圈啮合齿轮缺失（双电机，仅一台电机工作）。

解析：回转支承与回转机构齿轮应无裂纹、断齿，啮合平稳，无异常声响。单电机容易造成持续超负荷工作，严重损坏电机的使用寿命。

隐患： 上图回转电机固定螺栓部分缺失，下图回转电机固定不牢固。

解析： 回转减速机应固定可靠、外观应整洁、润滑应良好；在非工作状态下臂架应能自由旋转。

隐患：爬升支撑装置防脱销缺失。

解析：塔机安装拆卸作业相对塔机正常吊装作业，更易引发安全事故。为保证安装拆卸作业安全，自升式塔机应具有防止塔身在正常加节、降节作业时，爬升支撑装置从塔身支承中自行脱出的功能。

隐患： 爬升装置无防脱功能。

解析： 爬升式塔机爬升支撑装置应有直接作用于其上的预定工作位置保持与锁定的装置，在正常加节、降节作业中，塔机未到达稳定支撑状态（如：塔机回落到安全状态或被换步支撑装置安全支撑）前，即使爬升装置有意外卡阻，其运动也应受爬升油缸控制。爬升式塔机换步支撑装置工作承载时，应有预定工作位置保持功能或锁定装置。

隐患：套架滚轮轮轴脱出。

解析：各结构件应安装完整、无缺陷，套架滚轮保证顶升作业的平稳运行，滚轮轮轴脱出，严重影响顶升安全。

隐患：套架滚轮连接固定不可靠。

解析：套架在顶升中是关键的受力结构。由于顶升时调整上部结构重心的平衡只是相对的，而且存在风载荷等随机因素，不平衡载荷的存在是必然的。这些不平衡载荷全依靠套架与塔身之间的若干侧滚轮支承，因此滚轮必须连接固定可靠。

八、司机室

隐患： 司机室固定不牢固。

解析： 司机室结构应牢固、固定可靠。司机室必须具有良好的视野，司机室门、窗的玻璃应使用钢化玻璃或夹层玻璃。

隐患：上图中司机室杂物较多，下图为规范的司机室。

解析：司机室不得堆放与工作无关的杂物，特别是易燃物品。过多杂物会影响司机的正常操作，也容易产生高空用电危险。

隐患：操作台防尘套缺失。

解析：操作台防尘套缺失，造成异物容易滑落操纵台内部，阻塞正常操作。

隐患： 司机室灭火器压力过低。

解析： 司机室内应配备符合消防要求的灭火器，不得有与工作无关的杂物，特别是易燃物品。

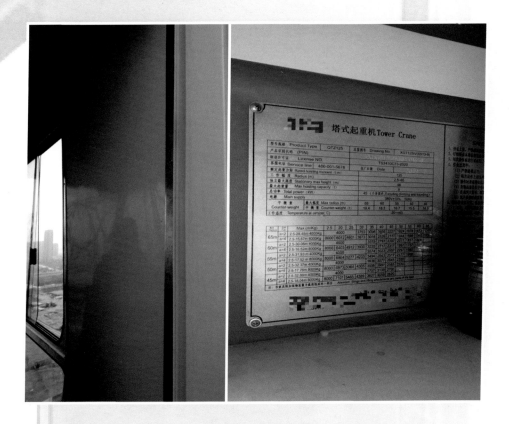

隐患：左图的司机室无常用数据标牌，右图悬挂常用数据标牌。

解析：每台塔机均应有耐用且清晰的图表标牌，该标牌应固定在司机处于操作位时可见的位置，其图表应包括但不限于以下内容：

（1）对应不同臂长、倍率时各幅度的起重量、合适的起升速度及得当的平衡重布置。

（2）与限制器和操作步骤有关的警告提示。

（3）最大允许工作风速。

（4）应将吊索及附加取物装置作为起升载荷组成部分的提示。

隐患： 司机室无照明。

解析： 司机室应有照明设施，照度不应低于30lx。照明电路电压应不大于250V，当司机室主电气线路被切断时，照明设施应能正常工作。

隐患： 上图司机室操作台无操作标识，下图的操作台有标识。

解析： 所有控制装置应标有文字或符号以指示其功能，并在适当的位置指示操作的动作方向。标识应牢固、可靠，字迹清晰、醒目。

隐患：操纵杆无法自动回弹零位。

解析：操纵台应操纵灵活、动作准确可靠，操作杆应能自动回零且具有防止因无意刮碰而引起机构误动作的功能。

隐患：操纵杆连接固定不可靠。

解析：操纵台应操纵灵活、动作准确可靠，操作杆应能自动回零且具有防止因无意刮碰而引起机构误动作的功能。

九、电气系统

隐患：塔机未接地。

解析：塔机应采用TN-S接零保护系统供电。为避免雷击，塔机主体结构应可靠接地，塔身及金属底架作为塔身以上主体结构的保护零线（PE线）必须同时做重复接地。为保证安全，塔机底架或塔身在对角线方向应设置两组重复接地导线与接地体可靠连接。为防止电机外壳、电气柜金属框架因漏电产生对地电压，应对其设置保护接零。

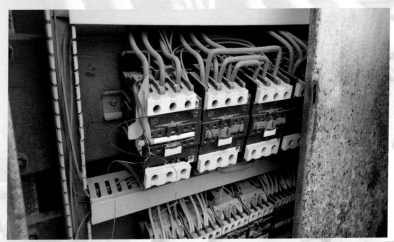

隐患：接触器不能正常吸合，使用异物插入强制吸合。

解析：接触器损坏后没有及时更换的话，对电动机的线圈保护不够，容易把电动机的线圈烧坏，也给塔机维修带来更大的麻烦。

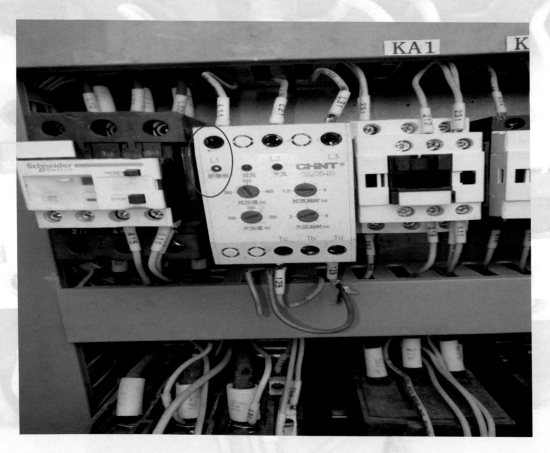

隐患： 配电箱接线错误，断错相指示灯常亮。

解析： 电气系统应有电源保护及断错相保护，接线错误可能导致电机正反转问题，容易造成操作失误。

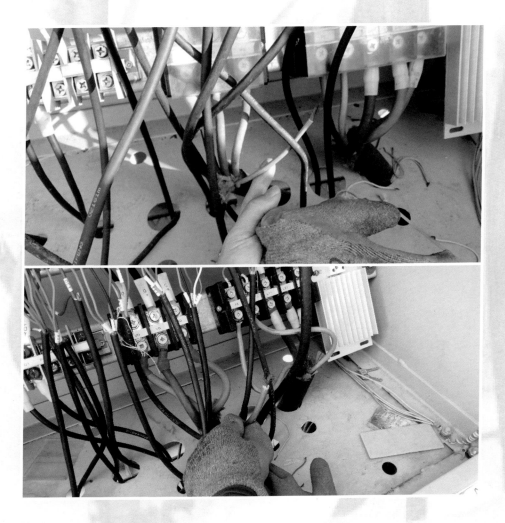

隐患： 配电箱接线脱落。

解析： 电气连接应接触良好，防止松脱。导线、线束应用卡子固定，以防摆动。塔机应采用 TN–S 接零保护系统（三相五线制）供电。

隐患：漏电保护器选型错误，漏电保护动作电流大于 30mA。

解析：开关箱安装高度及距离应符合现行国家标准《施工现场临时用电安全技术规范》（JGJ 46—2005）的规定，且应符合"一机、一箱、一闸、一保护"的要求。漏电保护器安装正确，参数匹配，灵敏可靠。

隐患： 司机室配电箱防护门脱落。

解析： 开关箱应具有门锁，司机室门内应有原理图或布线图、操作指示等，门外应有警示标志。

　　隐患： 配电箱门损坏，配电箱内电气元件脱落。

　　解析： 配电箱门脱落，容易在雨雪天气浸水时导致电路短路，发生触电事故或火灾事故。

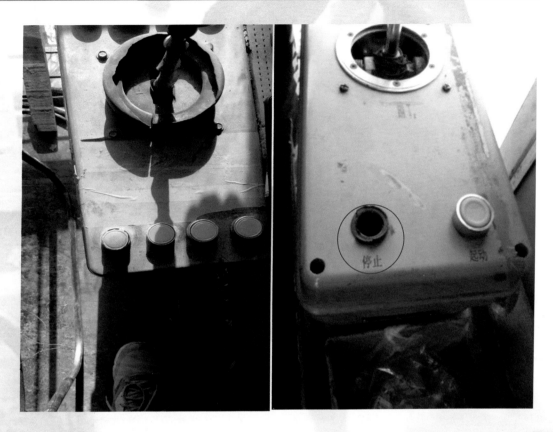

隐患：急停开关损坏。

解析：应设置红色非自动复位的、能切断塔机总控制电源的紧急断电开关，且应设在司机操作方便的地方。

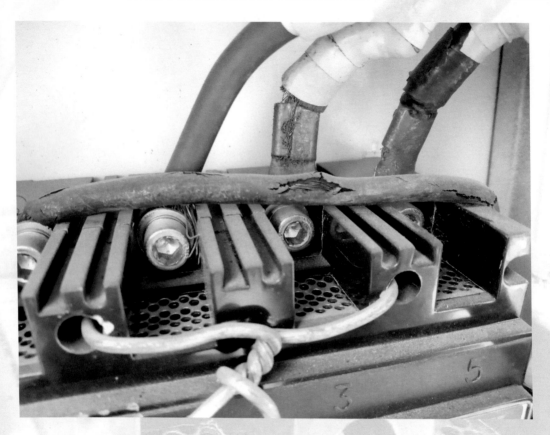

　　隐患：司机室配电箱的电缆老化龟裂。

　　解析：电缆老化后，绝缘性能下降，容易短路，尤其遇到潮湿天气，当水分浸入金属导体时发生短路，易引发火灾。

隐患：主电缆局部破损。

解析：外皮破损的电缆若不处理，使用既不安全，又会影响其寿命，空气中有很多腐蚀气体及水汽侵入电缆会使线芯氧化而损坏。塔身悬挂电缆的固定，宜使用电缆网套悬挂方式，每20m设置一个电缆网套。当电缆需加长时，应设置中间接线盒，接线盒固定在便于检修的地方。接线盒应采用标准接线端子，其容量应满足导线载流量的要求，并有与导线相同的编号。

十、安全装置

1. 起重力矩限制器

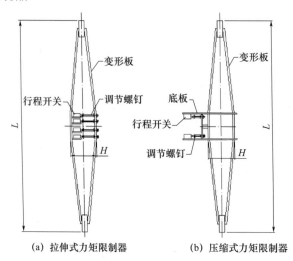

(a) 拉伸式力矩限制器　　　　(b) 压缩式力矩限制器

弓板式力矩限制器示意图

解析：力矩限制器要求（GB/T 5031—2019）。

（1）当起重力矩大于相应幅度额定值并小于额定值 110% 时，应停止上升和向外变幅动作，但应有下降的内变幅动作。

（2）力矩限制器控制定码变幅的触点和控制定幅变码的触点应分别设置，且能分别调整。（2 个触点）

（3）小车变幅的塔机，如最大变幅速度超过 40m/min，在小车向外运行，且起重力矩达到额定值的 80% 时，变幅速度应自动转换为不大于 40m/min 的速度运行。（1 个触点）

（4）塔机应装有报警装置。

在塔机达到额定起重力矩的 90% 以上时，装置应能向司机发出断续的声光报警，在塔机达到额定起重力矩的 100% 以上时，装置应能发出连续清晰的声光报警，且只有在降低到额定工作能力 100% 以内时报警才能停止。（1 个触点）

综上，力矩限制器共需要 4 个触点。

　　隐患：力矩限制器未调节，调节螺杆未拧紧。

　　解析：力矩限制器要发挥应有的防止超载作业的作用，应在安装完成后，严格按照起重特性表进行吊载调试。调试完成后，宜对力矩限制器加装防调整措施，如铅封、加锁的防护罩等，且严禁无关人员调整。

隐患： 力矩限制器两弓板之间用异物阻隔。

解析： 起重力矩限制器作为防止塔机超载的重要安全装置，人为阻隔弓板触发，将使塔机失去超力矩保护功能。在塔机使用过程中，力矩超标可能导致发生塔机倾覆、折臂等重大财产损失及人身伤亡事故。因此保证力矩限制器的完整有效，是非常必要的。

　　隐患：力矩限制器触点锈蚀，不能触发。

　　解析：起重力矩限制器作为防止塔机超载的重要安全装置，当触点锈蚀后，不能有效避免因超载而可能引起的倾覆、折臂等严重事故。

隐患： 力矩限制器触点开关铁丝固定不牢固，活动余量较大。

解析： 弓板型力矩限制器的主要作用原理为通过吊载引起的结构形变带动弓板产生形变，从而触发开关。因形变产生的位移量相对较小，而铁丝固定开关本身残留活动余量较大，因此造成力矩限制器触发精度远远达不到要求。

　　隐患：力矩限制器拉力环固定不可靠。

　　解析：拉力环式力矩限制器通过钢结构形变带动拉杆形变，从而触发微动开关，拉力环固定不可靠，会对使用精度产生较大影响。拉力环式力矩限制器如下图所示。

拉力环式力矩限制器图示

2. 起重量限制器

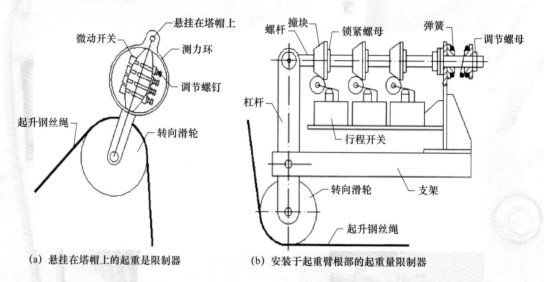

(a) 悬挂在塔帽上的起重是限制器　　(b) 安装于起重臂根部的起重量限制器

起重量限制器示意图

　　解析： 起重量限制器是保证塔机安全作业的重要装置，它的作用是当起升载荷超过额定载荷时，起重量限制器能输出电信号，切断起升控制回路，并能发出警报，达到防止塔吊超载的目的。测力环式起重量限制器是较为常见的形式，它的工作原理是当塔机吊载重物时，滑轮受到钢丝绳合力作用，将此力传给测力环，测力环的变形与载荷成一定的比例。根据起升载荷的大小，滑轮所传来的力大小也不同。测力环外壳随受力产生变形，测力环内的金属板条与测力环壳体固接，并随壳体受力变形而延伸，此时根据载荷情况来调节固定在金属板条上的调整螺栓与限位开关距离，当载荷超过额定起重量使限位开关动作，从而切断起升机构的电源，达到对起重量超载进行限制的目的。

隐患：起重量限制器不能有效触发。

解析：如上图所示，触点开关距离触发元件相对位置偏离，因此吊载带动触发元件的位移不能触发触点开关，另外触点开关通过铁丝固定，活动余量较大，从而造成起重量限制器精度过低。

隐患： 起重量限制器无法触发，或不起作用。

解析： 起重量限制器主要作用是防止塔机的吊载超过最大额定载荷，避免发生机械恶性事故，利用钢丝绳的受力张紧作用来实现工作。上图中调节螺杆未锁紧，与触点间的相对位置偏斜，因此不能发挥超载保护作用。

隐患：起重量限制器未接线。

解析：应安装起重量限制器。当起重量大于相应挡位的额定值并小于该额定值的110%时，应切断上升方向的电源，但起升机构可做下降方向的运动。

隐患：起重量限制器连接滑轮轴承损坏。

解析：起重量限制器利用钢丝绳的张紧作用来实现工作。滑轮轴承损坏，使得滑轮活动余量增加，对起重量限制器的精度影响较大。现行国家标准《塔式起重机安全规程》（GB 5144—2006）中规定：塔吊应安装起重量限制器，如果设有起重量显示装置，则其数值误差不得大于实际值的5%，当起重量大于相应挡位的最大额定值并小于额定值110%的时候，应切断起升机构上升方向的电源，但可做下降方向的运动。

3. 起升高度限位器

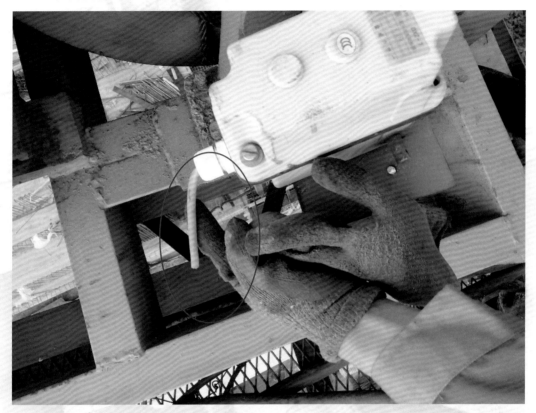

隐患：起升高度限位器未接线。

解析：小车变幅的塔机，应设置起升高度限位器，使得吊钩装置顶部升至小车架下端的最小距离为 800mm 处时，应能立即停止起升运动，但应有下降运动。

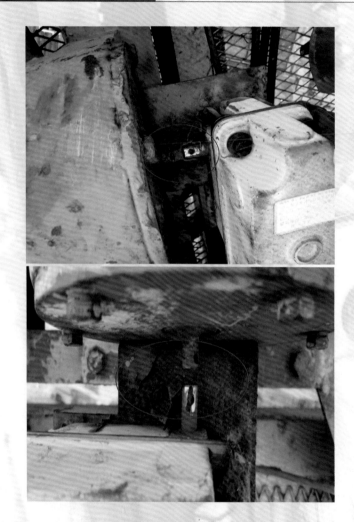

隐患： 起升高度限位器连接断开。

解析： 起升高度限位器的主要作用是防止塔机吊钩碰撞载重小车或下降到一定高度时控制起升机构的运行。对小车变幅的塔机，吊钩装置顶部升至小车架下端的最小距离为 800mm 时，应能立即停止起升运动，但可有下降运动。

隐患： 起升高度限位器不起作用，吊钩冲顶。

解析： 小车变幅的塔机，当吊钩装置顶部升至小车架下端的最小距离为 800mm 处时，应能立即停止起升运动，但应有下降运动。所有形式塔机，当钢丝绳松弛可能造成卷筒乱绳或反卷时应设置下限位器，在吊钩不能再下降或卷筒上钢丝绳只剩 3 圈时应能立即停止下降运动。

4. 幅度限位器

隐患： 小车后向幅度限位器不起作用。

解析： 小车变幅的塔机，应设置小车行程限位开关和终端缓冲装置。限位开关动作后应保证小车停车时其端部距缓冲装置最小距离为 200mm。

隐患：幅度限位器损坏。

解析：小车变幅的塔机，应设置小车行程限位开关和终端缓冲装置。

隐患：小车行程终端无缓冲块。

解析：小车变幅的塔机，应设置小车行程限位开关和终端缓冲装置。限位开关动作后应保证小车停车时其端部距缓冲装置最小距离为 200mm。

隐患：起重臂前端一侧终端止挡装置与缓冲器缺失。

解析：塔机行走和小车变幅的轨道行程末端均需设置止挡装置。缓冲器安装在塔机（变幅小车）上，当塔机（变幅小车）与止挡装置撞击时，缓冲器应使塔机（变幅小车）较平稳地停车而不产生猛烈的冲击。

5. 回转限位器

隐患： 回转限位器未接线。

解析： 回转处不设集电器供电的塔机，应设置正反两个方向的回转限位开关，开关动作时臂架旋转角度应不大于 ±540°。

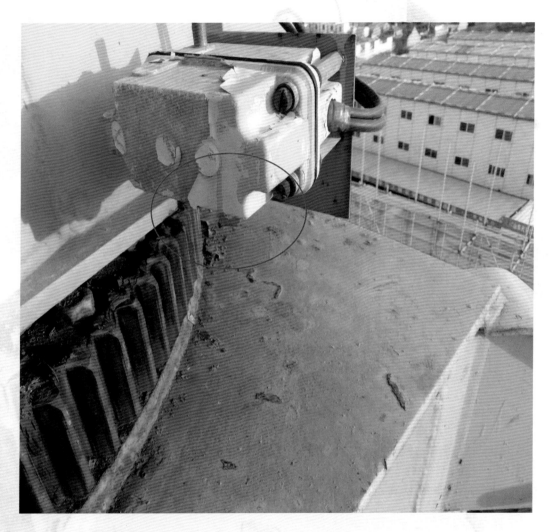

　　隐患：回转限位器齿轮缺失。

　　解析：回转处不设集电器供电的塔机，应设置正反两个方向的回转限位开关，开关动作时臂架旋转角度应不大于 ±540° 。

隐患： 回转限位器齿轮与回转支撑不能正确啮合。

解析： 回转处不设集电器供电的塔机，应设置正反两个方向的回转限位开关，开关动作时臂架旋转角度应不大于 ±540°。

6. 断绳保护装置

隐患： 断绳保护装置铁丝捆扎。

解析： 小车变幅的塔机应设置双向小车变幅断绳保护装置，该装置能在变幅绳断绳失效后及时制停变幅小车，避免安全事故的发生。安装塔机时，小车未连接变幅钢丝绳之前，断绳保护装置通常用铁丝捆扎。塔机安装完成后，应及时解开捆扎保护装置的铁丝，恢复其断绳保护功能。

隐患：上图断绳保护装置与小车架焊接；下图断绳保护装置未安装。

解析：小车变幅的塔机应设置双向小车变幅断绳保护装置，该装置能在变幅绳断绳失效后及时制停变幅小车，可避免安全事故的发生。断绳保护装置与小车架焊接为一个整体，失去断绳保护的作用。

7. 断轴保护装置

    隐患：变幅小车偏移使断轴保护装置与下弦重合有效距离过短。

    解析：小车变幅的塔机，应设置变幅小车断轴保护装置，即使轮轴断裂，小车也不会掉落。

十一、其他

隐患： 标准节混装使用。

解析： 不同厂家生产的标准节可能材质不同，结构型式也有所区别，受力状态不统一，不应混装使用。

隐患：标准节主肢间阶差过大。

解析：主要结构件（如臂架、塔顶、回转平台、回转支承座和标准节等）的加工应有必要的工艺装备，保证顺利装配。同规格塔身标准节应能任意组装。主肢结合处外表面阶差应不大于 2mm。标准节之间采用摩擦型高强螺栓连接时，连接螺栓应不采用锤击即可顺利穿入，螺栓按规定紧固后主肢端面接触面积应不小于应接触面面积的70%。

隐患: 标准节代替预埋节使用。

解析: 塔机塔身的根部是整个塔机钢结构承受倾覆力矩最大,应力最集中的部位。预埋节应能承受工作状态和非工作状态的最大载荷,应满足塔机最恶劣工况下抗倾覆稳定性的要求。基础承台配筋、预埋件的尺寸、埋深和位置均应符合《塔式起重机使用说明书》的要求,严禁用标准节或加强节替代基础预埋节或固定支腿。

　　隐患：上图为小车架焊接改造，下图为塔顶主肢焊接改造。

　　解析：变幅小车结构应无明显变形，车轮间距应无异常。主要结构件的焊接改造应提供设计变更证明文件。

隐患：塔机上人通道固定不牢靠。

解析：上人通道固定不牢靠，影响爬塔人员的安全。离地面 2m 以上的走道应设置防止操作人员跌落的手扶栏杆，不得有明显塑性变形，并应固定可靠、牢固。走道的边缘应设置踢脚板，不得有明显塑性变形，并应固定可靠、牢固。走道应用具有防滑功能的金属材料制作，操作人员可能停留的每一个部位都不应发生永久变形。

隐患： 歪拉斜吊。

解析： 歪拉斜吊对塔机造成较大的侧向力，容易造成塔机倾覆。

塔机"十不吊"规定：

（1）指挥信号不明不准吊。

（2）斜牵斜挂不准吊。

（3）吊物质量不明或超负荷不准吊。

（4）散物捆扎不牢或物料装放过满不准吊。

（5）吊物上有人不准吊。

（6）埋在地下物不准吊。

（7）安全装置失灵或带病不准吊。

（8）现场光线阴暗看不清吊物起落点不准吊。

（9）棱刃物与钢丝绳直接接触无保护措施不准吊。

（10）六级以上强风不准吊。

十二、技术资料

1.产权单位应提供：

（1）建筑工程管理部门核发的塔机产权备案证明。

（2）塔机产品出厂合格证、安装使用说明书。

2.安装单位应提供：

（1）安装自检报告。

（2）安装过程中经制造单位同意的变更设计的证明文件。

3.使用单位应提供：

（1）司机操作证、信号指挥证。

（2）设备基础等隐蔽工程验收记录。

（3）工程现场及塔机位置平面图。

（4）安全生产专项应急预案。

解析： 完整有效的必备相关资料是证明该设备合法性、设备安装位置坐标及状态的唯一性的有效途径，也是进入实体检验的前设条件。起重设备产权备案时建筑工程管理部门已经对塔机生产企业的特种设备制造许可证、塔机的监督检验证书等文件进行了核实，检验人员不再重复查验，但必须查验产权备案信息与受检塔机信息的一致性。部分塔机的产权备案证书上没有注明产品出厂编号，为此产权单位应提供产品合格证进行确认。《塔机安装使用说明书》是指导塔机安装与使用的技术资料，也是用于塔机安装质量检验工作重要的参考文件。

依据《山东省建筑起重机械安全监督管理办法》《山东省建筑起重机械备案登记实施细则》的要求，在山东省行政区域内建筑施工现场使用的塔式起重机，其产权单位应当在所在地县级以上建筑工程管理部门办理产权备案登记。未办理产权备案登记的塔机，不得进入建筑施工现场安装使用。

附录 A 检验使用的仪器设备

序号	仪器、量具名称	精度要求
1	万用表	± 2%
2	绝缘电阻测量仪	± 2%
3	接地电阻测量仪	± 2%
4	钳型电流表	± 2%
5	经纬仪	≤ 10″
6	水准仪	± 2.5mm/km
7	便携式测距仪	± 1.5mm
8	电子称重仪	± 1%
9	温、湿度计	± 0.1℃、± 2%RH
10	游标卡尺	0.02mm
11	钢卷尺	Ⅱ级
12	钢直尺	Ⅱ级
13	塞尺	Ⅱ级
14	扭矩扳手	± 5%
15	风速仪	± 0.1m/s

附录 B 塔式起重机检验项目及技术要求

序号	检验内容与要求		
1	1 技术资料	1.1	产权单位应提供： （1）建筑工程管理部门核发的塔机产权备案证明； （2）塔机产品出厂合格证、安装使用说明书
2		1.2	安装单位应提供： （1）安装自检报告； （2）安装过程中经制造单位同意变更设计的证明文件
3		1.3	使用单位应提供： （1）司机操作证、信号指挥证； （2）设备基础等隐蔽工程验收记录； （3）工程现场及塔机位置平面图； （4）安全生产专项应急预案
4	2 作业环境及外观	2.1	★塔机运动部分与建筑物及建筑物外围施工设施之间的最小距离不得小于 0.6m
5		2.2	★两台塔机之间的最小架设距离应保证： （1）处于低位的塔机的臂架端部与另一台塔机的塔身之间至少有 2 m 的距离； （2）处于高位塔机的最低位置的部件与低位塔机中处于最高位置部件之间的垂直距离不应小于 2 m
6		2.3	★有架空输电线的场所，塔机的任何部位或被吊物边缘与输电线的安全距离，应符合下表的规定，以避免塔机结构进入输电线的危险区

电压 /kV 安全距离 /m	<1	1~15	20~40	60~110	220
沿垂直方向	1.5	3.0	4.0	5.0	6.0
沿水平方向	1.0	1.5	2.0	4.0	6.0

注：带"★"项目为关键项目。

序号			检验内容与要求
7	2 作业环境及外观	2.4	下列部位应在适当位置使用黄黑相间的危险部位标志： （1）吊钩滑轮组侧板； （2）平衡臂尾部和平衡重； （3）动臂式臂架头部
8		2.5	在塔身底部易于观察的位置应固定产品标牌及产权备案标牌。产品标牌内容应包括产品名称和型号标识、产品制造编号和出厂日期、制造商名称、制造许可证编号等信息
9		2.6	塔顶高于 30 m 且高于周围建筑物的塔机，应在塔顶和臂架端部安装红色障碍指示灯。群塔作业时，每台塔机都应安装障碍指示灯
10		2.7	臂架根部铰点高度大于 50 m 的塔机，应安装风速仪。当风速大于工作极限风速时，应能发出停止作业的警报。风速仪应设在塔机顶部的不挡风处
11		2.8	★塔机的独立状态高度、悬臂高度应符合使用说明书的要求
12	3 基础	3.1	★塔机基础的设置制作应符合安装使用说明书的要求
13			基础应能防止积水或有排水设施
14		3.2	★行走式塔机的轨道基础所需地耐力应满足安装使用说明书的要求。路基两侧或中间应设排水沟，保证路基没有积水
15	4 金属结构及防护装置	4.1	★安装后的塔机主要结构件不应出现下列情况： （1）目视可见的结构件裂纹及焊缝裂纹； （2）连接件的轴、孔严重磨损； （3）结构件母材严重锈蚀； （4）结构件整体或局部塑性变形，销孔塑性变形； （5）塔机主要承载结构件如塔身、起重臂等，失去整体稳定性

序号			检验内容与要求
16		4.2	★安装后的塔机连接应符合:
			（1）主要结构连接件应安装正确且无缺陷，连接件及其防松防脱件严禁用其他代用品代用;
17			（2）销轴应有可靠轴向止动且正确使用开口销;
18			（3）高强度螺栓连接应按要求预紧且有防松措施，不得松动，不应有缺件、损坏等缺陷。螺栓不得低于螺母
19	4 金属结构及防护装置	4.3	平衡重、压重的安装数量、位置应符合安装使用说明书的要求。起重臂变臂长使用时，平衡重空缺位置应可靠填充
20		4.4	★塔机安装后，在空载、风速不大于 3 m/s 状态下，（1）独立状态塔身（或附着状态下最高附着点以上塔身）轴心线的侧向垂直度应 ≤ 4‰;（2）最高附着点以下塔身轴心线的侧向垂直度应 ≤ 2‰
21		4.5 安全防护装置	（1）直梯：塔身内部和塔顶应设置直梯，边梁应可以抓握且没有尖锐边缘，边梁、踏杆应完好，不应有明显的塑性变形，连接应牢固、可靠;
22			（2）护圈：塔顶的直梯应设置护圈，护圈的侧面应用沿圆周方向均布的竖向板条连接。护圈应保护完好，不应有明显的塑性变形、板条断裂等现象，并应固定可靠、牢固，不应用铁丝捆扎固定;
23			（3）栏杆：离地面 2 m 以上的平台及走道应设置防止操作人员跌落的手扶栏杆。不应有明显的塑性变形，并应固定可靠、牢固;
24			（4）踢脚板：平台和走道的边缘应设置踢脚板。不应有明显的塑性变形，并应固定可靠、牢固;
25			（5）休息平台：当梯子高度超过 10 m 时，应设置休息平台。第一个平台应设置在不超过 12.5 m 高度处，以后每隔 10 m 内设置一个;
26			（6）平台和走道：应用具有防滑功能的金属材料制作。平台和走道应完整，操作人员可能停留的每一个部位都不应发生永久变形，不得存在有碍通行或可能坠落的杂物
27		4.6	★附着式塔机，附着装置与塔身节或建筑物的连接应安全可靠，连接件不应缺少或松动，并应符合安装说明书要求

序号			检验内容与要求
28	5 起升系统	5.1 吊钩	★吊钩应有标记和防钢丝绳脱钩装置，不允许使用铸造吊钩
29			★吊钩禁止补焊，不应有下列情况：（1）表面有可见裂纹；（2）钩尾和螺纹部分等危险截面及钩筋有永久性变形；（3）挂绳处截面磨损量超过原高度的10%；（4）心轴磨损量超过其直径的5%；（5）开口度比原尺寸增加15%
30		5.2 钢丝绳及固定	钢丝绳绳端固定应牢固、可靠。 （1）采用绳夹固定时，应符合规程 3.5.2 第 1 款的规定； （2）用压板固定时应可靠，卷筒上的绳端固定装置应有防松或自紧的功能； （3）楔形接头的穿绳方向应符合 GB/T 5973 的规定
31			钢丝绳的规格、型号应符合设计要求。与滑轮和卷筒相匹配，正确穿绕。在卷筒上应排列整齐，无明显跳槽和交叠现象。钢丝绳应润滑良好，不应与金属结构磨擦
32			★钢丝绳断丝数不应超过 GB/T 5972 规定的数值
33			★钢丝绳直径减小量应不大于公称直径的 7%
34			★钢丝绳不应有扭结、压扁、弯折、断股、笼状畸变、断芯等变形现象
35		5.3 滑轮	滑轮应转动良好，不应出现裂纹、轮缘破损等损伤钢丝绳的缺陷
36			★钢丝绳不应脱出滑轮，滑轮应设有钢丝绳防脱装置，该装置与滑轮最外缘的间隙不应超过钢丝绳直径的 20%
37		5.4 卷筒	起升卷筒应设有钢丝绳防脱装置。该装置与卷筒侧板最外缘的间隙不应超过钢丝绳直径的 20%
38			卷筒两侧边缘超过最外层钢丝绳的高度不应小于钢丝绳直径的 2 倍
39			★钢丝绳在放出最大工作长度后，卷筒上的钢丝绳至少应保留 3 圈
40			卷筒不应出现裂纹或轮缘破损
41		5.5 制动器	起升机构应采用常闭式制动器，制动可靠
42			制动器的零部件不应缺损，液压制动器不应漏油。制动轮与摩擦片之间应接触均匀且不能有影响制动性能的缺陷或油污
43			★制动器零件不应有可见裂纹、塑性变形、过度磨损等缺陷

序号			检验内容与要求
44	5 起升系统	5.6 减速器	地脚螺栓，壳体联接螺栓不得松动，螺栓不得缺损
45			工作时应无异常声响、振动、发热和漏油
46		5.7	联轴器零件无缺损，联接无松动，运转时无异常声响
47		5.8	电动机外壳完好，运转平稳、无异响
48	6 变幅系统	6.1 钢丝绳及固定	钢丝绳绳端固定应牢固、可靠。 （1）采用绳夹固定时，应符合规程 3.5.2 第 1 款的规定。 （2）用压板固定时应可靠，卷筒上的绳端固定装置应有防松或自紧的功能。 （3）楔形接头的穿绳方向应符合 GB/T 5973 的规定
49			钢丝绳的规格、型号应符合设计要求。与滑轮和卷筒相匹配，正确穿绕。在卷筒上应排列整齐，无明显跳槽和交叠现象。钢丝绳应润滑良好，不应与金属结构磨擦
50			★钢丝绳断丝数不应超过 GB/T 5972 规定的数值
51			★钢丝绳直径减小量应不大于公称直径的 7%
52			★钢丝绳不应有扭结、压扁、弯折、断股、笼状畸变、断芯等变形现象
53		6.2 滑轮	滑轮应转动良好，不应出现裂纹、轮缘破损等损伤钢丝绳的缺陷
54			★钢丝绳不应脱出滑轮，滑轮应设有钢丝绳防脱装置，该装置与滑轮最外缘的间隙不应超过钢丝绳直径的 20%
55		6.3	卷筒不应出现裂纹或轮缘破损
56		6.4	应配备制动器
57		6.5	地脚螺栓，壳体联接螺栓不得松动，螺栓不得缺损
58			工作时应无异常声响、振动、发热和漏油
59		6.6	★变幅小车车轮不应有可见裂纹，踏面不应有过度磨损

序号			检验内容与要求
60	7 回转系统	7.1	应配备制动器，宜采用可操纵的常开式制动器
61		7.2	回转支承与回转机构齿轮应无裂纹、断齿，啮合平稳，无异常声响
62	8 顶升系统	8.1	液压系统安全装置的设置应符合安装使用说明书的要求，并应工作可靠、无漏油现象
63		8.2	顶升液压缸必须具有可靠的平衡阀或液压锁，平衡阀或液压锁与液压缸之间不得用软管连接
64		8.3	自升式塔机应具有防止塔身在正常加节、降节作业时，顶升横梁从塔身支承中自行脱出的功能
65		8.4	顶升油缸与套架及顶升横梁的连接应可靠，各销轴定位装置齐全有效
66	9 行走系统	9.1	★轨道式塔机应装设夹轨器等防风装置，使塔机在非工作状态下不能在轨道上移动
67		9.2	轨道式塔机的台车架上应安装排障清轨板，清轨板与轨道之间的间隙不应大于 5mm
68		9.3	★车轮不应有可见裂纹，踏面不应有过度磨损，磨损量应小于原厚度的 15%
69	10 司机室	10.1	司机室结构牢固，固定可靠。司机室门、窗玻璃应使用钢化玻璃或夹层玻璃，必须具有良好的视野
70		10.2	司机室内应配备符合消防要求的灭火器，不得有与工作无关的杂物，特别是易燃物品
71		10.3	在司机室内易于观察的位置应设有常用操作数据的标牌或显示屏
72		10.4	司机室应有照明设施
73	11 电气	11.1	塔机应采用 TN-S 接零保护系统供电。开关箱安装高度及距离应符合 JGJ 46-2005 的规定且应符合一机、一箱、一闸、一保护要求。漏电保护器安装正确，参数匹配，灵敏可靠
74		11.2	★接地装置应明显外露，接地线应有两根。金属结构接地电阻不大于 4 Ω
75		11.3	★主电路和控制电路的对地绝缘电阻不应小于 0.5 MΩ

续表

序号			检验内容与要求
76	11 电气	11.4	塔机应设置： （1）短路及过流保护；（2）欠压、过压及失压保护；（3）零位保护；（4）电源错相及断相保护
77		11.5	应设置红色非自动复位的、能切断塔机总控制电源的紧急断电开关，且应设在司机操作方便的地方
78		11.6	在司机室内明显位置应装有总电源开合状态的指示信号
79		11.7	操作系统中应设有能对工作场地起警报作用的声响信号
80		11.8	电缆（线）固定、防护应可靠，不应老化与破损
81	12 安全装置	12.1	★应安装力矩限制器，当起重力矩大于相应工况下的额定值并小于该额定值的 110% 时，应切断上升和幅度增大方向的电源，但机构可做下降和减小幅度方向的运动
82			力矩限制器控制定码变幅的触点与控制定幅变码的触点应分别设置，且应能分别调整（JG 305 第 8.2.11 条第 2 款第 2 项）
83			★对小车变幅的塔机，其最大变幅速度超过 40m/min，在小车向外运行，且起重力矩达到额定值的 80% 时，变幅速度应自动转换为不大于 40m/min 的速度运行
84		12.2	★应安装起重量限制器，当载荷大于相应档位的额定值并小于该额定值的 110% 时，应切断上升方向的电源，但机构可做下降方向的运动
85		12.3	★应安装起升高度限位器，应符合 GB/T 5031 的规定
86		12.4	★小车变幅的塔机，应设置小车行程限位开关，限位开关动作后应保证小车停车时不碰撞端部缓冲装置
87			起重臂端部变幅小车终端缓冲装置应齐全有效
88			★动臂式塔机应设置幅度限位开关及臂架极限位置机械限制装置
89		12.5	★小车变幅的塔机，变幅的双向均应设置断绳保护装置

序号			检验内容与要求
90	12 安全装置	12.6	★小车变幅的塔机，应设置变幅小车断轴保护装置，即使轮轴断裂，小车也不会掉落
91		12.7	对回转部分不设集电器的塔机，应安装回转限位器
92		12.8	★轨道式塔机行走机构应在每个运行方向设置限位装置，其中应包括限位开关、缓冲器和终端止挡
93		12.9	应安装显示记录装置。该装置应以图形和 / 或字符方式向司机显示塔机当前主要工作参数和塔机额定能力参数
94	其他项目		★变幅小车上应有检修挂篮，且与小车连接可靠，不应有明显的变形
95			★标准节不应明显混装
96			操纵台应操纵灵活、动作准确可靠，操纵杆应能自动回零且具有防止因无意刮碰而引起误动作的功能，应有护套，防止物体进入卡住操纵杆
97	13.1 空载试验		空载运行，各种安全装置工作可靠有效，各机构运转正常，制动可靠；操纵系统、电气控制系统工作正常
98	13.2 额载试验		★在某一幅度位置起吊额定载荷，各种安全装置工作可靠有效，各机构运转正常，制动可靠；操纵系统、电气控制系统工作正常。试验后，关键零部件应无损坏

附录 C 参照标准

GB/T 5031—2019《塔式起重机》

GB 5144—2006《塔式起重机安全规程》

GB/T 5972—2016《起重机 钢丝绳 保养、维护、检验和报废》

DBJ/T 14—098—2013《建筑施工现场塔式起重机安装质量检验技术规程》

DBJ 14—064—2010《建筑施工现场塔式起重机安全性能评估技术规程》

DBJ 14—065—2010《建筑施工现场塔式起重机安装拆卸安全技术规程》

JGJ 160—2016《施工现场机械设备检查技术规范》

JGJ 196—2010《建筑施工塔式起重机安装、使用、拆卸安全技术规程》

JGJ 305—2013《建筑施工升降设备设施检验标准》

JGJ 46—2005《施工现场临时用电安全技术规范》